毎日が平気になる

猫ことば

わちゃわちゃ楽しい6匹の生活

猫は液体
【みかんとじろうさんち】

大和書房

はじめに

この本を手に取ってくださり、どうもありがとうございます。
私は、YouTube や Twitter で猫たちの暮らしを投稿しています。

今回、2冊目のフォトブックをこうやって出すことになりましたが、
1冊目のときからもう1匹、「とんかつ」という猫が増え、
我が家には今6匹の猫がいます。
そのマイペースな日常写真と、それぞれの世界観に合った心がほぐれるような名言、
猫たちのエピソードを組み合わせたのが今回の本です。
パラパラと何気なくめくってみても、朝パッと開いたページの名言を眺めても、
猫たちの細かいエピソードをじっくり読み込んでも、
楽しんでいただけるのではないかと思います。

ネットニュースなどで取材していただくことはこれまで多くありましたが、
ここまで6匹の暮らしぶりや性格、今現在の様子を事細かに盛り込んだのは
この本が初めてだと思います。
YouTube や Twitter などではお伝えしてこなかった内容も入っているので、
この本を読んでいただければ、動画もまた違った見え方をしてくるかもしれません。

6匹は集まったり、散らばったり、仲よくしたり、ときに少し揉めたりしていますが、
人間が思っている以上にいろんなことを感じとり、よく見ていて、びっくりさせられます。
そして6匹それぞれの世界にはっとさせられたりします。
ほっとするような、心が穏やかになるような、猫の世界。ぜひお楽しみください。

2023年7月
猫は液体【みかんとじろうさんち】

Contents

Contents

うちの猫たち

にぎやかな我が家ですが、6匹6様。

長老

年長者 **じろう**さん

2010.05.29 ♂

好き　クリスピーキッスと
かつおぶし、
ホットカーペットの上

嫌い　薬

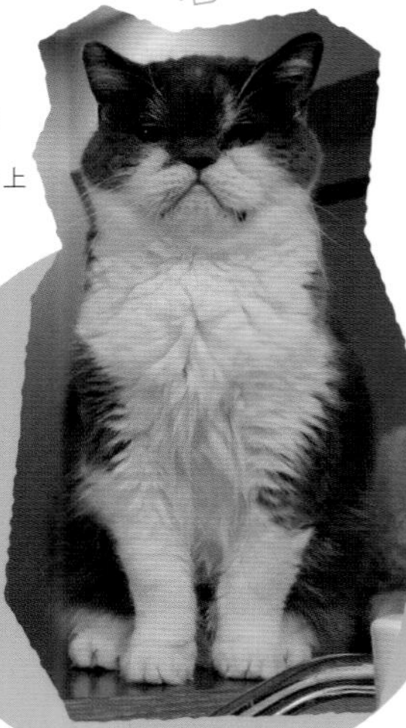

気が強い

長女 **みかん**ちゃん

2017.07.14 ♀

好き　ドライささみとじろうさん、
じろうさんのそば

嫌い　薬、虫、
フカフカしているじゅうたん

Love!

押し入れに住む

Solo!
単独行動が
好き

三男 **てんぷら**

2019.05.30 ♂

好き　シシアの缶詰、
押し入れ

嫌い　目薬、騒がしい場所

改めて猫たちをご紹介します。

次男 ぽてと

2018.04.09♂

好き ドライささみ、
ドライささみがもらえる台所

嫌い 動物病院

おっさんみたいだけど、甘えんぼ

四男 とんかつ

2021.11.17 ♂

好き ドライささみとボール、
みんなが集まっているところ

嫌い 動物病院

毎回割り込む

仲良しトリオ

Friends!

次女 あんみつ

2020.01.11♀

好き ドライささみ、
お母さんの膝の上

嫌い 目薬、歯磨き、動物病院

おっとり

人生は近くで見ると悲劇だが、遠くから見れば喜劇である

チャップリン

ドア越しのみかんちゃんとあんみつ。みかんちゃんは気が強いので、あんみつはやや怖がっているところもあります。みかんちゃんとぽてとはよく似ていて、あんみつがぽてとと間違えてみかんちゃんに頭をすりすりしにいってしまうことも。

怠惰は心の眠りだ

ヴォーヴナルグ

お母さんにかまってもらってうれしそうな小さなとんかつです。写真だけ見ると気持ちよく寝入っているようですが、寝ているふりをしているだけ。猫って意外とそうで、寝てるのかなと思いきや実は寝ていないということも多いです。

逆境が人格をつくる

トルストイ

これはごほうびお預け状態の写真。ガラスの中のささみは、じろうさん以外はみんな好物でささみを食べているときが至福の時間のようです。なんとか食べるため、ガラスのふたを動かそうとしています。

世に住むからは
何事も案じたるが損なり

井原西鶴

睡眠中のあんみつ。一見苦しそうな体勢に見えますが、体がやわらかいので寝ているときによくこういうポーズをしています。この表情は本気で寝ているときです。

自我こそ
愛すべきものである

ルソー

こちらも本気で寝ているてんぷらです。猫が本当に寝ている時間は短いですが、キャットタワーで熟睡しているときです。

知恵は知識に優る

ブレーズ・パスカル

意外と警戒心の強いてんぷら。少し怖がりで臆病な性格。これは家の近くで工事をしているときに、音がずっとしているので外の脅威に対してパトロールしているところ。真剣な表情です。

あらゆる壁が扉になる

西洋のことわざ

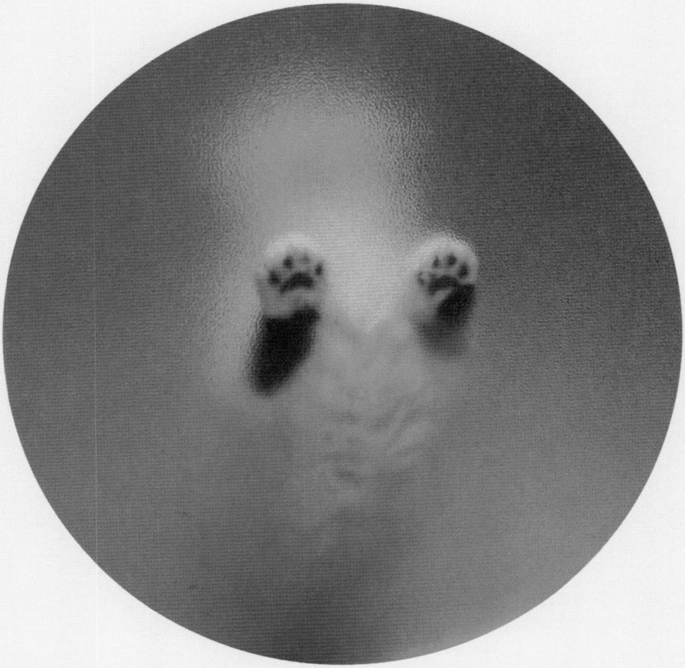

お母さんがお風呂から出てくるのを待っているあんみつ。とても甘えんぼでいつもお母さんの後ろをついていきますが、このときもドアに手をつけて「早くお風呂から出てきて！」とアピールしています。

万事は辛抱強く待っている者のところにやってくる

ロングフェロー

ごはんタイムの3匹。手前のぽてとととんかつはマイペースで、みんなで食事をしても大丈夫。ですが、みかんちゃんはどちらかというとみんなが終わってから食べたり、別の場所で食べたり。2匹の食事が終わるのをじっと待っている写真です。

最後に笑う者が最もよく笑う

西洋のことわざ

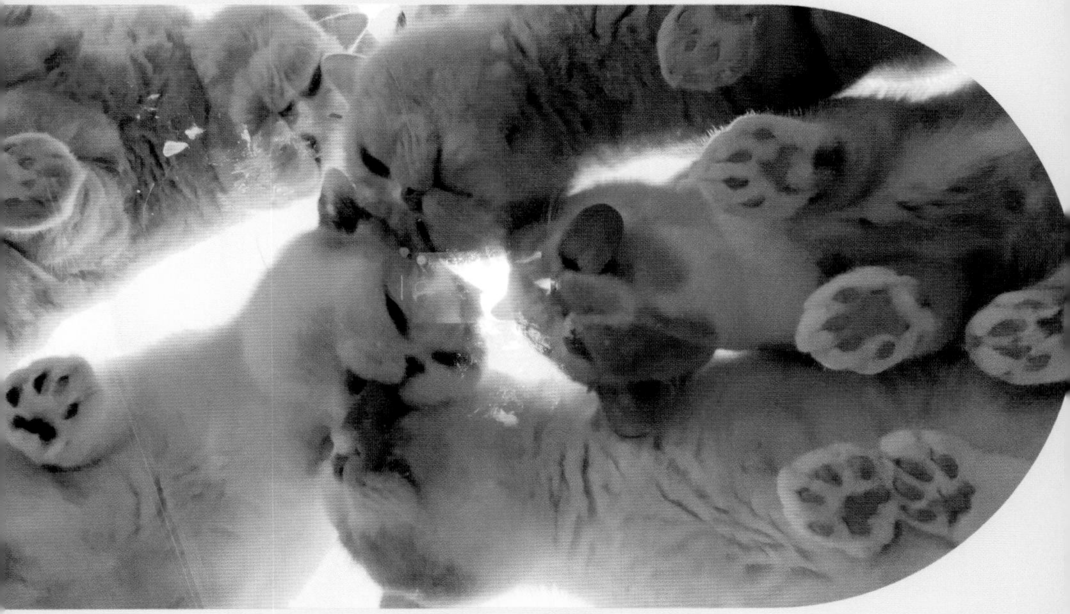

大好きなチュールをみんなで食べ終わったとき。みんなでひとつのものを分け合うときは、いつもに比べてあまり上下関係がなくなります。それでも、みかんちゃんはこのとき腰が引け気味であまり参加していません。

ひとりでいる力をつけよう

トーマス・ブラウン

家には30年くらい飼っている亀がいます。これはあんみつがベランダにいる亀を見ているときの写真。近くに行きすぎることもなく、手を出すこともなく穏やかに眺めています。

人生において重要なのは
生きることであって、
生きた結果ではない

ゲーテ

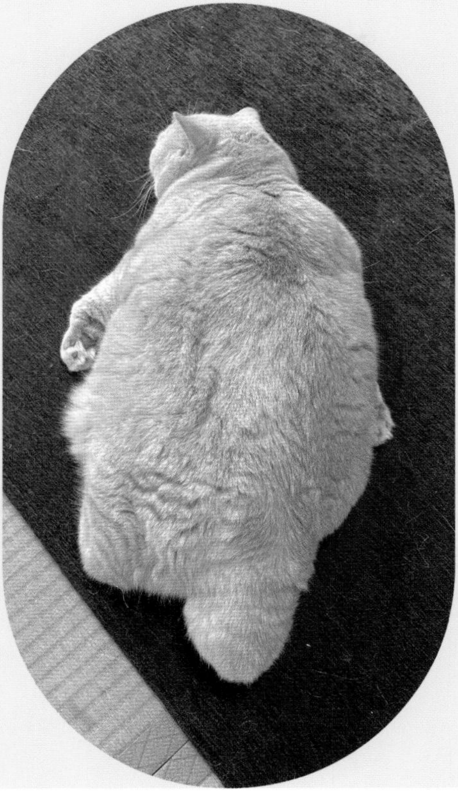

すやすやとうつぶせ寝をしています。写真だけ見るとぷくぷくと太っているように見えますが、健康診断を受けても体格はいたって正常。体は意外と細く、毛量の多さで膨張して見えるようです。

備えよ。
たとえ今ではなくとも、
チャンスはいつかやって来る

W・シェイクスピア

お母さんがお風呂から出てくるのを待っている写真その2です。みんな水が怖いというのもあって中に入ろうとはしませんが、今か今かと外で待ち、いざお母さんが出てきたら膝に乗ったり、ブラッシングしてもらったりとうれしい時間を過ごします。

自らの道を歩め。
他人には好きに語らせよ

カール・マルクス

ヘアウィッグが妙にすっぽりはまったあんみつ。目が赤く、目薬をがんばってさしていた時期です。

生きることが、
もちろん人生の最高の目標なのだ

グリルパルツァー

大きなお口を開けてあくび。午後1時から5時の明るい時間帯は基本的にこんな感じです。浅い眠りについていたり、まどろんでいたり。やはり夜行性だからか、夕方5時すぎくらいから元気に活動しはじめます。

天才を演じよ、
されば天才になる

サルバドール・ダリ

段ボールの乗りものをつくったら、集まってきた猫たち。一番のりできたあんみつはうれしそうです。遅れた2匹が順番待ちをしている様子で、手前はとんかつ、奥がてんぷら。こういうときずっと待っているでもなく、興味がなくなったらどこかに行ってしまう、そんなところも猫たちのマイペースさです。

速度を上げるばかりが、人生ではない

マハトマ・ガンジー

手や足をくっつけてじゃれ合っているてんぷらとぽてと。そこにあんみつがまざろうかな？　といった雰囲気で眺めているシーンです。てんぷらは今はわりと単独で行動をとっています。その時期その時期によって仲のよさは変わったりします。

平和は勝利よりも美しい

イタリアの格言

1番みかんちゃん、2番背景に溶け込んでいますがじろうさん、3番大きくなってきたとんかつ、4番あんみつ、5番てんぷら、6番ぽてとです。

幸福とは習性である。それを身につけるがよい

ハバード

お母さんの寝ているところによくやってくるのは、甘えんぼのこの２匹。おふとんが好きだということもありますが、やっぱりお母さんが大好きです。ひとしきり楽しんだ後、暑くなったら出ていきます。

眠りを作り出した者に祝福あれ

ミゲル・デ・セルバンテス

猫たちがお気に入りのイケアの人形ベッド。一見きつそうに見えますが、猫からすればギチギチくらいのほうが意外と落ち着くようです。「定位置」は猫にとって大切。てんぷらは押し入れのスペースが好きで、遊ぶときやごはんのときなどは出てきていても、最終的にはそこに戻っています。

自分というものがある。あるがままで十分だ

ウォルト・ホイットマン

暑いときにひんやりした床で体温を下げているみかんちゃん。体温をこうやって放出しているのか、夏はこの体勢をよくしています。エアコンの風より自然風が好きなようで、暑い時期はベランダで寝ることも多いです。

仕事は退屈と悪事と貧乏とを遠ざける

モロア

売店コーナーのおもちゃの中に佇むとんかつ。この頃はまだ小さい子猫で好奇心旺盛な時期。こういったおもちゃはもちろん、段ボールの工作、ボール、紐などなんにでも興味を示していました。

勇気のあるところに希望あり

タキトゥス

普段から人が食べているものに興味を示す猫たち。このときもお鍋の様子を見にやってきました。鶏肉や魚の干物には特によく反応します。

語ることのできないことについては、
黙っていなければならない

ルートヴィヒ・ヴィトゲンシュタイン

まだかなり小さい時期のとんかつ。このときは1匹で影と遊んだり、小さな物音にも楽しそうに反応したりと今よりさらに好奇心旺盛な時期でした。小さいわりに3.5kg としっかり体重があります。

常識はそれほど ふつうのことではない

ヴォルテール

あんみつもお気に入りのこのカゴ。寝床にもなり、大きさもちょうどいいのです。ちょっと怪訝な表情をしているのは、カゴにスムーズに入りたいのに前足を入れたところでカゴがぐらっとするのが嫌な様子。

僕の義務は猛烈に楽しむことだ

オスカー・ワイルド

ズボンを脱ぎっぱなしにすると、狭い筒などが大好きな2人がそのまま入りました。
2人ともこれでも隠れているつもりです。

どんなに悪いことも しばしばよい方向に転ぶものだ

ルートヴィヒ・ベートーベン

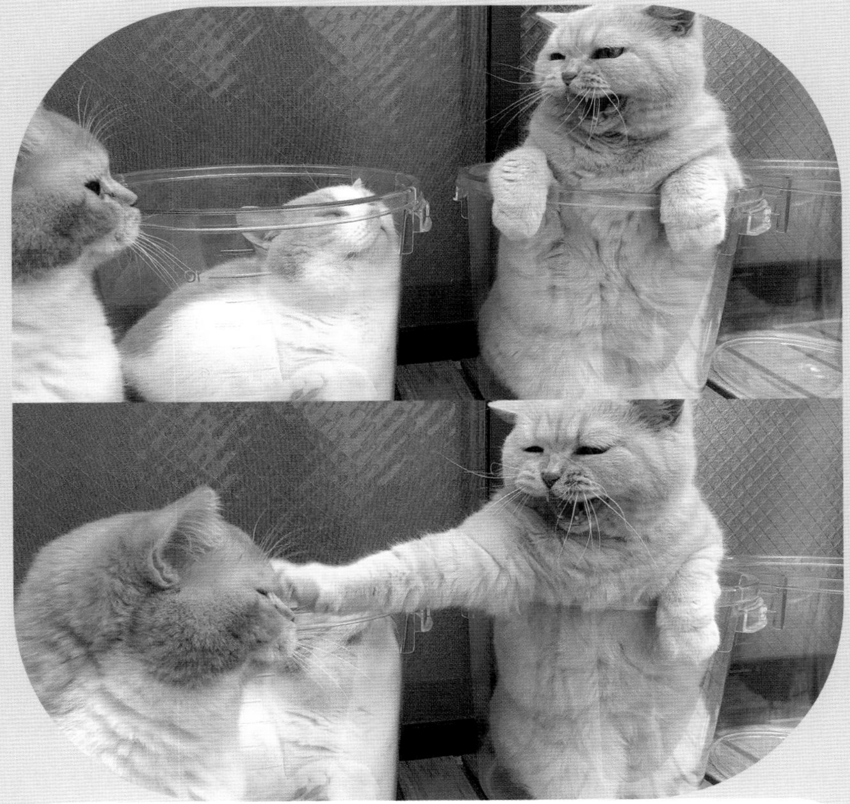

みかんちゃんがややご機嫌ななめに見える写真。みかんちゃんとぽてとは毛色も一緒で一見区別がつきづらいので、とんかつがぽてとと間違えてみかんちゃんにじゃれに行くときがありますが、そういうときにちょっと怒られたりしているようです。

私は踊るときは踊るし、
眠るときは眠る

モンテーニュ

「退屈で何もすることないわ～」みたいな雰囲気のあんみつ。乙女なあんみつですが虫は好き。家の中に虫が出るとすごく生き生きとして、家人に見せてくれたりします。

余暇なくして知恵はない

古代ユダヤの格言

夏の早朝、5時くらいの写真です。ぽてとはのんびりリラックス。機嫌がいいときはやっぱり無垢な表情をしています。そしてぽてとのことが好きなあんみつがそばにやってきています。ここでマンションの前に止まっているカラスをよく観察しています。

1日の終わりに反省するな

フリードリヒ・ニーチェ

仲よし3匹がお母さんにごはんをお願いして、待っているときです。あんみつととんかつはぽてとの子分のような感じです。そして、ぽてとは2匹のことをとてもかわいがっています。あんみつは仏頂面ですが、怒っているわけでもなく眠いわけでもありません。

「今日」という一日は、「明日」という日の二日分に値する

ベンジャミン・フランクリン

窓際に置いていたキャットタワー。今はもう処分してしまったのですが、冬場などは床がひんやり寒いので、のぼってきてこの場所で寝るのが好きでした。

人間の内面的本性は
目つきに顕《あらわ》れる

ケーベル

リビングを通ろうとして偶然閉め出されてしまったときの写真。あんみつは本当に怒ったりすることがない子で、閉め出されたことに対して不満そうな顔をすることもありません。こちらが気づいてあわてて開けると、「あ～よかった！」という感じでリビングを通っていきました。

私は自分が何も知らない ということを知っている

ソクラテス

猫が喜ぶおもちゃ動画みたいなものを流しはじめたときの写真。テレビから離れたところにいても、音楽が流れてきただけで動画が始まったとわかるようで集まってきます。テレビの前・後ろという概念がないのか2匹は上にスタンバイ。

源に戻ろう、
新しい力を汲み上げるため。

ジュゼッペ・ヴェルディ

猫の毛色って、大人になるにつれて意外と変わります。これはとんかつの小さい頃ですが、顔の上半分が薄茶色で下半分は白い状態でした。ですが、いつの間に変わったのか今ではしっかり茶トラに。猫の七不思議です。

生きていることは素晴らしい。この世界は面白いことでいっぱいだ

アレクサンダー・グラハム・ベル

あんみつと精巧につくられたひよこのおもちゃ。においをかいでみたものの、生きていないと気づけば興味はなさそうでした。どれだけリアルにつくられていても、生き物そのもののにおいがあるかで判断しているみたいです。

人は必要に迫られると、すぐに実力を発揮する

ピタゴラス

上下の2匹は遊んでいる延長線上でやり合っているような感じで、本気のケンカではありません。そして隣でバタバタしていても、我関せずで眠っているのがてんぷら。マイペースで、ほかの猫にあまり干渉することがありません。

ものは見方によって すべてが変わる

荘子

普段は猫用の動画をテレビなどでも見ていますが、これはスマホで好きなアプリの動画が流れていることに気づき、集まってきた様子。とんかつはまだ家に来て間もない頃だからか、少し遠慮気味にのぞいています。

真実を愛しなさい。
そして失敗は許しなさい

ヴォルテール

特に仲のいいぽてととあんみつ。お互いがスキンシップをとるとき、「おはよう」みたいな感じで頭をくっつけています。その後ろではみかんちゃんがお母さんの膝の上でくつろいでいます。

「これが最悪だ」などと言えるうちは、まだ最悪ではない

シェイクスピア

段ボールに入っているみかんちゃん。こちらを睨んでいるように見えますが、特に怒っているわけでも睨んでいるわけでもない、通常モードの表情です。長いひげは、自分がこのすきまに入れるかどうかなどの感覚をつかむのに使っているみたいです。

自然に適応して生きよ

ストベウス

ベランダにバケツを出しておくと勝手に入ってきます。印象以上に大きなバケツで、きつきつではなく猫たちもゆったり入れているようです。ベランダは虫なども飛んできて楽しいので、暖かい季節になると猫たちはよくやってきます。

欲望とは、非常に強力な原動力である

アラン・カーティス・ケイ

段ボールでつくった即席のお食事コーナー。これのいいところは取り合いをしなくて済むところ。同じごはんをあげていても隣のものが美味しそうに見えることもあるみたいです。次は木でつくってもいいかなと考えています。

夢にはなんらかの意味がある。じっさい、夢は願望の実現なのだ

ジグムント・フロイト

もともと脂肪が多く、剛毛の体質。やっぱり暑いのはしんどいようで、7月くらいからこの省エネな体勢になっていることが多いです。

過ぎたことで心を惑わされるな

ナポレオン・ボナパルト

ベランダに出た後、セミをつけて帰ってきたときの様子です。とんかつは少し間が抜けたところがあって、例えばお母さんが歯磨きの道具を出したらみんなは「あっ、歯磨きタイムだな」とわかるのですが、とんかつは何回見ても忘れているようです。また、病院に行くときは、キャリーを出した時点でみんなすぐ嫌なことがある、と反応するのですが、とんかつは忘れていて自分から入ってきたりするところがかわいいです。

まわりの評価を気にしないことは、ひとつの力であり、同時に幸福のもとでもある

バートランド・ラッセル

ぽてとが落ち着いているとき、本当にリラックスしているときの写真。意外と猫も性格が変わるもので、昔の野性的な感じ、少しトゲのある感じに比べると顔つきが優しくなったなと思います。

私は未来のことについては、
けっして考えない、
未来はやがてきっとやって来るから

アインシュタイン

凜々しい次郎さんの表情。13年くらい家にいるボス猫ですが普段はそれを主張することはありません。ですが他の猫が「自分がボス」という雰囲気を出したりすると、ちゃんと自分がボスだというのを見せに行っています。

物事は必ずしも
見かけ通りとは限らない

ファエドルス

ささみがまだ足りない、もっと欲しいなーという猫たちの表情です。これは夏場の写真なので、みんな毛が抜けてスマートなフォルムになっていますが、冬毛になるとこれの1.5倍くらいになります。

むずかしい問題は、小さく分けて考えなさい

デカルト

ささみがあるのを見つめているてんぷらとあんみつ。てんぷらは早く開けて！みたいな表情です。あんみつは下を向いているときに上から撮るとこういう表情になりますが、ただ下を向いているだけで怒っている表情ではありません。

あまり多くを求めないことだ。とくに他人に対しては

レオ・C・ローステン

猫たちが好きなホットカーペットの上。低温やけどをしないように気をつけながら弱で使っています。ぽてとが特に好きで、気持ちよさそうに眠っています。

さあ、上機嫌でやろう

ニーチェ

一見、足を踏んでいるように見えますが、これはお母さんへのコミュニケーション。かまってほしいときなどに手で合図をしますが、その延長線上でお母さんに「ここに私はいるよ」と伝えているかわいい合図です。

本来の自分であろうとすることが、最も幸せなことである

デジデリウス・エラスムス

決まった時間に並んでごはんを食べるいつもの食事風景です。てんぷらがとんかつのごはんも食べようとすると、以前はとんかつが譲ったりしていましたが、体も大きくなり最近はそういうことはなくなりました。

自分に必要なものは全て、自分自身のなかにある

マルクス・トゥッリウス・キケロ

寒がりなあんみつ。ストーブが大好きなのですが、危ないのでケージをつけています。寒い日はいつも以上にお母さんにくっついて寝ていたりします。

未来とは、今である

マーガレット・ミード

てんぷらの隣にいるのはお母さんが置いたぬいぐるみ。顔があるものの、生き物ならではの獣のにおいもしないので、怖がることもなければ興味もないという感じでした。

遠くをごらんなさい

アラン

材質が好きなのか、温度が好きなのか、コンクリートの上が大好きな猫たち。遠くから、「かまってもらえるかな？」「愛でてもらえるかな？」という表情でこちらを見ているのがかわいらしいです。

自然、時間、忍耐は三大名医である

イギリスのことわざ

お母さんに甘える気分でいたのに、目薬を刺されてしまい、こんなはずじゃと不服そうな表情を浮かべるあんみつです。

すべてうまくいく、
すべてうまくいく、
あらゆる事がうまくいく

ノリッチのジュリアン

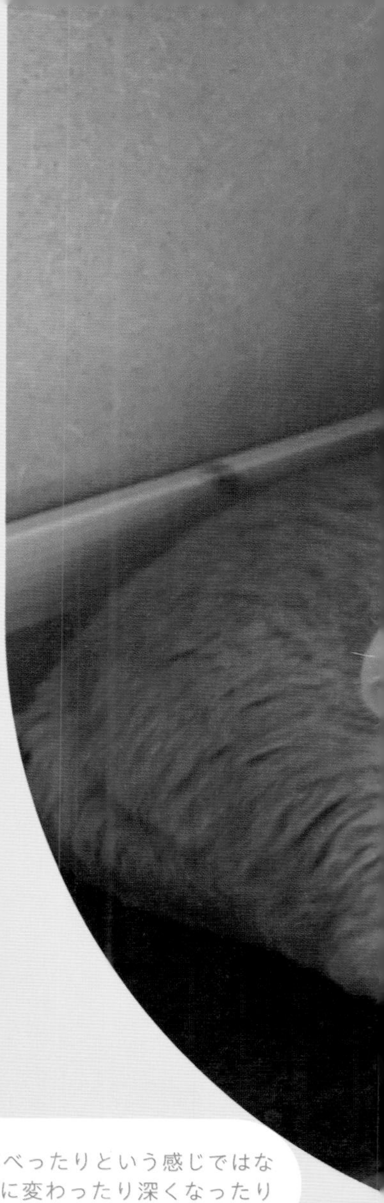

まどろんでいる仲良しの2匹のカット。このときはまだべったりという感じではなく少し距離感があるので、猫同士の関係性も時間と共に変わったり深くなったりするのだなぁと思います。

より少ないことは、より豊かなこと

ルートヴィヒ・ミース・ファン・デル・ローエ

我が家に来てすぐの頃のとんかつ。我が家に慣れてきてベッドの上で暴れているときの様子です。こんなに小さかったのに、今では我が家で1番大きくなりました。もう次の月には2周りくらい大きくなっていたのを思い出します。

自分にもっと
やさしくなってもいいのよ

アドリエンヌ・リッチ

お母さんがお風呂から出てくるのを「まだかなー」と待機している出待ちのファン状態。体を洗うとにおいが落ちるからか、自分のにおいをつけようとしているみたいです。

幸福とは最高の「善」なり

アリストテレス

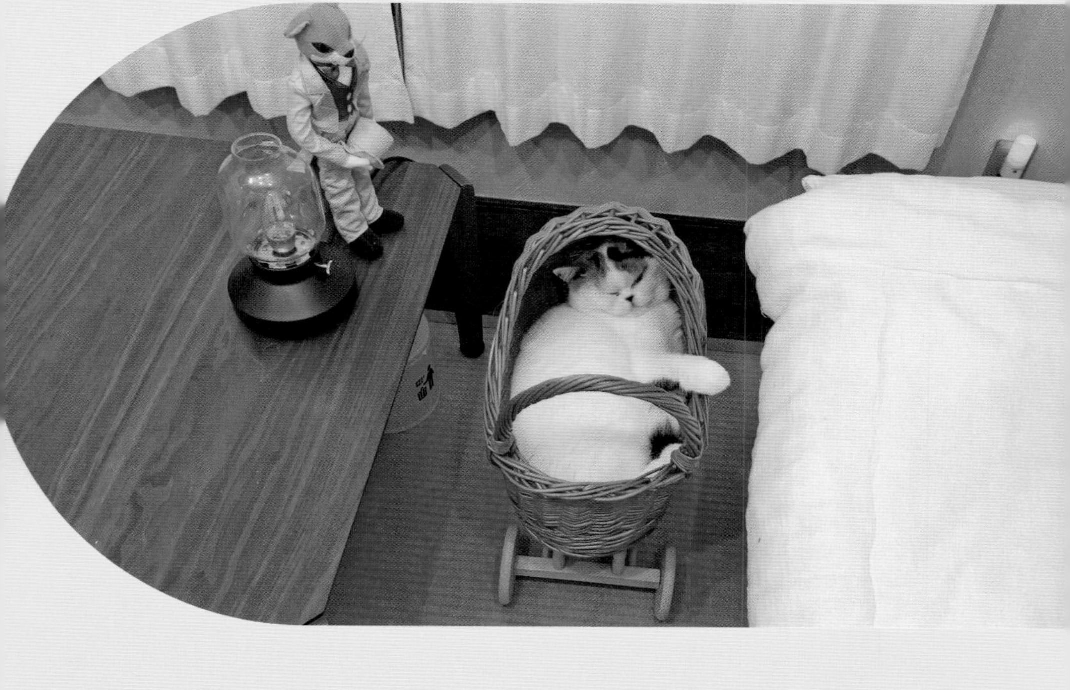

人形を飾りつけるためのインテリアアイテムの押し車。ただ、一応動きますし、乗ることもできます。猫たちに意外と人気で、これに乗ってお散歩気分を楽しんでいます。

ゆっくりと急げ

アウグストゥス

あんみつからぽてとへ、頭をくっつけに行っています。コミュニケーションのひとつで、まるで会話をしているかのよう。頭をくっつけにくるあんみつを、ぽてとはかわいいと感じているようです。

Kit-Cat

友情は喜びを2倍にし、悲しみを半分にする

F・シラー

押し入れの中に板を敷き、壁紙シールを貼ってつくった猫たちの部屋。ベッドはイケアのものです。壁のモニターではYouTubeも実際に見られます。もともとはてんぷら用の部屋でしたが、今はぽてとに占領されています。

それでも地球は動いている

ガリレオ・ガリレイ

みんなが部屋から出て行って、ベッドに横になりごろりんとくつろいでいるてんぷら。このときは、寝ながら鳥の動画を YouTube で見ています。

待つことを知る者には、万事が適当なときにくる

フランスのことわざ

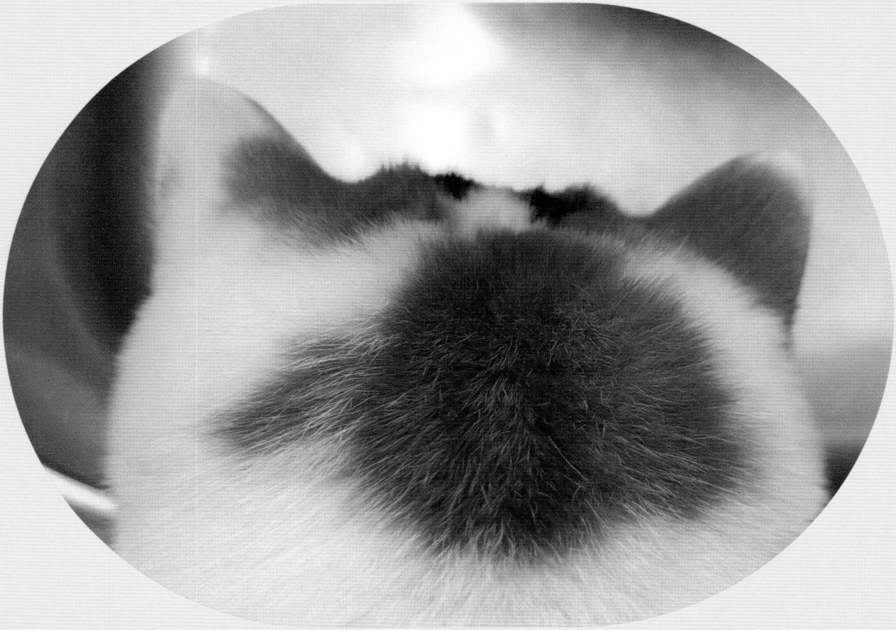

洗い物しているお母さんを凝視しているときの後頭部。洗い物しているときに水がはねたり、流れたりしている様子がおもしろく、見てしまうようです。

苦しみは短く、
喜びは永遠である

シラー

こたつの中の仲良し3匹。毛量が多く、もふもふしています。寒い時期になれば自然とくっつき、暑くなるにつれくっつかなくなります。

自分の力ではどうにもならないことは心配するな

ユダヤの格言

こたつをめくったらこんにちは。みんな自然と同じ方向からこたつの中に入っていきます。いつもはあまりいない次郎さんも、寒がりなのでやってきました。

冬来たりなば、春遠からじ

ヨーロッパの故事

ストーブ大好きあんみつその2。おなかが冷えやすい体質のようで、暖かい場所で至福の表情で座布団の上に横になっています。後ろのぽてとも同じく気持ちよさそう。サウナで整っているかのような表情です。

友を得る唯一の方法は、
自分が良き友たるにある

エマーソン

機嫌の悪いぽてと（上）と平常運転のとんかつ（下）。ぽてとは目に感情が出やすい子で、この写真もひと目で機嫌が悪いなとわかります。このときはささみをあげたら顔が元通りに。なぜか新聞が好きな猫たち。新聞があると集まってきます。

幸福だから笑うのではない。笑うから幸福なのだ

エミール・オーギュスト・シャルティエ

家に来てから2ヶ月くらいの時期のあんみつ。うれしい声で鳴いています。顔つきが美猫みたいな感じで、雰囲気が今とわりと違います。

百聞は一見にしかず

『漢書』

押し入れから出ようとしたものの、思いのほか高さがあり、「どうやって降りようかな……」と思案している様子の写真。まるでバンジージャンプ直前のような表情です。

自分の水は他人のバターよりいい

シベリアのことわざ

定位置の水飲み場。のどが渇くとみんなここへやってきます。このタイプの機械の、水が自然と湧いて見えるようなものが猫たちは好きなようです。

落ち着け。
人を恨んで自分をダメにするな

ヘルベルト・フォン・カラヤン

大好物のドライささみを食べているぽてと。1日中「ささみをちょうだい」とアピールしているくらいです。そしてささみを食べたいものの、遠慮してぐっとこらえている表情のあんみつもかわいいです。

つまらない生き方をするには、人生は短すぎる

ベンジャミン・ディズレーリ

家の中にあるタワーをつなげて大きいタワーにしたら、みんなが集まってきました。こうやって揃ってみると、目つきが似ていて血縁関係があるなぁと感じます。てんぷらが乗っているハンモックはみんなが好きです。

思い煩うことはない。人生は無意味なのだ

ウィリアム・サマセット・モーム

三方の上に乗るあんみつとおじさん座りをするぽてと。この座り方をするとしっぽの立派さがよくわかります。あんみつは体が真っ白なだけあり、おもち感が出ます。

好奇心は希望の別名にほかならない

チャールス＝ヘーア、ウィリアム＝ヘーア

3匹でお母さんの洗い物を見守っている写真。ササミをもらえたり、食事をしたり、お母さんにかまってもらえたり。猫たちにとって台所はいい思い出、いい記憶がある場所だからこそ、自然と寄ってきてしまうのかもしれません。

完璧だと思っても、もう一押しすれば、おまけが手に入る

トーマス・エジソン

いつも手を使ってお母さんに合図をするぽてと。お母さん、かまって！　と合図をしています。どうやらささみも欲しいようです。

大人は
大きく成長した子どもにすぎない

ジョン・ドライデン

とんかつが家に来て間もない頃のツーショット。距離感はあるものの、見守っている雰囲気。小さい猫とは一緒に遊んだり、世話をしてくれたりしていました。

食べて、飲んで、楽しめ

旧約聖書

今日も台所は猫たちの食堂です。みんな集中して食べていますが、あんみつは顔が平らなので、お皿に顔を突っ込んだ感じになっています。

その日その日が
一年中の最善の日なり

エマーソン

段ボールに穴を開けると、順番にみんな入ってきました。とんかつは出てくる猫たちを眺めていましたが、みかんちゃんは少し怖いようで、出てきた瞬間さっと目をそらしました。

猫と過ごす時間は、決して無駄にはならない

フロイト

段ボール列車に乗車中の5匹。まだとんかつはいない頃です。この日はじろうさんも参加。

釣れないときは、魚が考える時間を与えてくれたと思えばいい

アーネスト・ヘミングウェイ

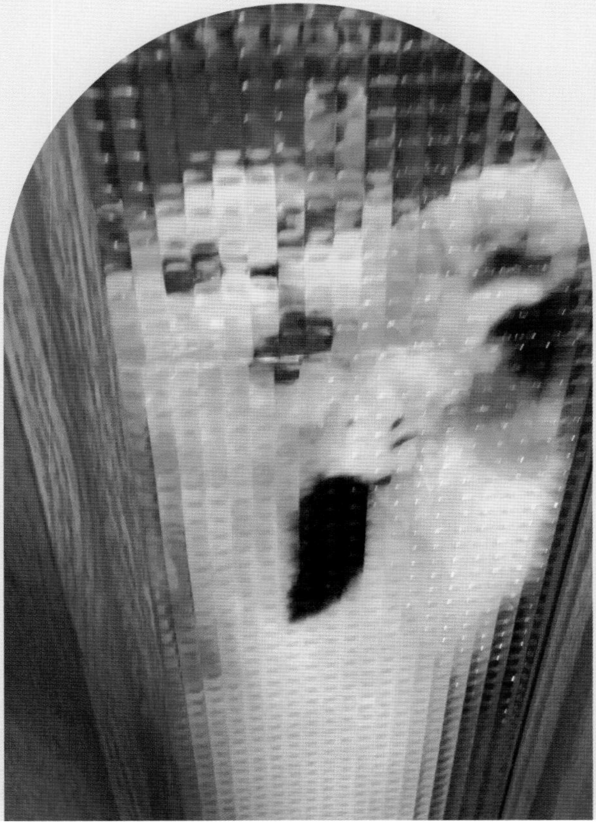

ドアから出られないという災難に巻きこまれたあんみつ。こちらのうっかりで閉め出されたのに、こんなときでも怒ってはいないのがかわいらしいです。

平凡なことを
毎日に平凡に続ける。
これを非凡と呼ぶ

アンドレ・ジッド

ベッドの右下はみかんちゃんの定位置。暑くもなく、水飲み場も近く、お母さんともくっつけるベストポジション。ぽてとは注目してほしいから真ん中。じろうさんはいつも枕元で寝ていて、あんみつもここでお母さんに膝枕をしてもらいます。

順境にいるとき、逆境に備えよ

洪自誠『菜根譚』

日中、寝る前は左のページのベッドの枕元か、またはこの赤いソファの後ろによくいるじろうさん。上がカウンターになっていて隠れることもできるので落ち着くのかもしれません。ここにいるときはいつもゆったりしています。

存在するとは、知覚することである

バークリ

ぽてとの目がやや険しいものの、とんかつにだいぶ気を許してきた時期の写真。兄弟だからか、ラクな体勢も似るのでしょうか？　ぽてとはとても気持ちが目に出る子です。

自分の足で立っている者は、決して孤立なんかしない

H・D・ソロー

外敵から身を守れるという本能が働くのか、狭い場所が好きです。このベッドの下もおなじみの居場所のひとつ。不思議と目がカラコンをつけているように見える写真です。

意思あるところに 道は開ける

西洋の格言

今よりなんとなく二回りくらい小さく見える3匹。夕食の焼き魚を揃って凝視しています。ときには我慢しきれず手が伸びてしまうこともあるので、集まってきたらこちらも警戒しはじめます。

こうなりたいと思う自分に、いま、なるのだ

ラルフ・エマーソン

温厚なあんみつがやや怒り気味のシーン。これは体が大きくなってきたとんかつが、プロレスみたいなことを仕掛けようとしている場面。まだあんみつも若くて、眉間の部分が今みたいに完全にはへこんでいません。

ユーモアとは、
相手に対する思いやりのこと

アルフォンス・デーケン

天気が悪い日に部屋干しをしていたら、お転婆なあんみつが顔を出してこちらを覗いていました。この頃はまだ末っ子だったのもあって、大暴れしたりすることもありました。

満足は宮殿よりもむしろ小《こ》舎《や》に住んでいる

イギリスのことわざ

届いてみると想像以上に大きかった猫の3段ベッド。新しいアイテムやおもちゃを買ったときは、猫の序列に従って、じろうさんから使わせてあげます。宅配便が届くのも、猫にとっては一大イベント。箱が届くと「なんだろう？」とお祭りのように集まってきます。

果報は寝て待て

ことわざ

爪切りを嫌がって渋い表情のてんぷら。他にも目薬や、目やにをとられるのも嫌がります。やっぱり本来は爪は猫にとって大事な武器だからか、どの子も爪を切られるのは嫌なようで渋々手を出してきます。

力量が足りないのではない、意志が足りないのだ

ヴィクトル・ユーゴー

金魚鉢に入ろうとしているものの頭がめり込んでしまっているときの写真。入り口は小さいけれど中は意外と広いこの金魚鉢はお気に入りで、見つけるとやっぱりどうしても入りたくなるみたいです。

世界でいちばん美しい色は、
〝自分に似合う色〟よ

ココ・シャネル

新しいうつわで並んでごはんを食べている5匹。この角度から見てみるとみんな意外とほっそり見えるから不思議です。

出典［名言部分］

『世界の名言名句1001』ロバート・アープ責任編集、大野晶子・高橋知子・寺尾まち子訳（三省堂）P270、441、494、540、787

『世界名言大辞典 新装版』梶山健編著（明治書院）P122、224、228、399、414

『思想家たちの100の名言』ロランス・ドヴィーレ著、久保田剛史訳（白水社）P74

『座右の「名言」 勇気が奮い立つ70のことば』斉藤孝著（実業之日本社）P212

『偉人名言迷言事典』真山知幸著（笠間書院）P36、171

『心に火をつける言葉』遠越段著（総合法令出版）P62、119、169、194

『この哲学者を見よ 名言でたどる西洋哲学史』ピエトロ エマヌエーレ著、泉典子訳（中公文庫）P80、285、307

『自分を動かす名言』佐藤優著（青春出版社）P46

『哲学者の言葉 いま必要な60の知恵』富増章成著（角川ソフィア文庫）P86

『「考える力」を育む 子どものための名言集』金田一秀穂監修（池田書店）P66、132、185

『自分を励ます英語名言101』小池直己・佐藤誠司著（岩波ジュニア新書）P4

『時代を変えた科学者の名言』藤嶋昭編著（東京書籍）P42、45、99

『最新ことわざ・名言名句事典』創元社編集部編（創元社）P254、272、327

『世界たべものことわざ辞典』西谷裕子編（東京堂出版）P21、229

『人生を変える 哲学者の言葉366』アバタロー著（きずな出版）P31、220

『音楽家の名言2　演奏への情熱を取り戻すメッセージ』檜山乃武編著（ヤマハミュージックエンタテイメントホールディングス）P32

『音楽家の名言3　壁を乗り越えるためのメッセージ』檜山乃武編著（ヤマハミュージックエンタテイメントホールディングス）P77

『言葉なんかで人生なんて変わらないと思っているあなたに名言サプリ』西沢泰生著（祥伝社黄金文庫）P59

『一日一言366日 日めくり歴史名言集』出久根達郎著（河出書房新社）P42

『教養としての世界の名言365』佐藤優監修（宝島社）P137、330

『世界の名言100選 ソクラテスからビル・ゲイツまで』金森誠也監修（PHP 文庫）P64

『強く生きる名言88 孤高のことば』萱野 稔人監修（東京書籍）P113

『見つけよう！ぼくの、わたしの、座右の銘 <5> 夢・希望』（教育画劇）P22

『人生を動かす賢者の名言』池田書店編集部編（池田書店）P61、106

『人生の名言1500 あなたが変わる偉人・賢人の魔法の言葉』別冊宝島編集部編（宝島社）P35、128、178

『必ず出会える！人生を変える言葉2000』西東社編集部編（西東社）P35、209、222、264、378

『あなたの味方になる！こころの疲れに効く名言集』こころに効く名言研究会編（笠倉出版社）P19、21、23、43、51、53、129、157

『今を変える未来を変える 10代のための座右の銘』（大泉書店）P150、164

『生きる力がわいてくる 名言・座右の銘1500』インパクト編（ナガオカ文庫）P50、90、122、143、213、218
『必ず感動する言葉が見つかる 座右の銘2000』幸運社編（中経の文庫）位置 No.504、511、516、522、638、1737
《kindle 版》
『心に「ガツン」と刺さる！ ホンネの金言1240』西東社編集部編（西東社）P197、308、346
『人生を楽しみ尽くすイタリアのことばと絶景100』（Gakken）P172
『心が強くなる 奇跡の絶景と運命を変えることば』（パイ インターナショナル）P86
『大切なことに気づく365日名言の旅 世界の空編』（ライツパブリッシング）P146
『マンガでわかる！ 10代に伝えたい名言集』定政敬子・文、北谷彩夏・絵（大和書房）P49、63、77、111

猫は液体【みかんとじろうさんち】

じろうさん、みかんちゃん、ぽてと、てんぷら、あんみつ、とんかつの6匹の猫と暮らす。初めて猫を飼ったのは小学生のころ。ずっと猫が好き。
猫たちのユーモアあふれる日常シーンが話題となり、TVほか様々なメディアで話題となる。著書に『猫の絶景』（KADOKAWA）がある。

YouTube https://www.youtube.com/@Neko-Ekitai/
Twitter @jirosan77

毎《まい》日《にち》が平《へい》気《き》になる猫《ねこ》ことば

わちゃわちゃ楽《たの》しい6匹《びき》の生《せい》活《かつ》

2023年8月1日　第1刷発行

著　者　猫《ねこ》は液《えき》体《たい》【みかんとじろうさんち】
発行者　佐藤 靖
発行所　大《だい》和《わ》書房
東京都文京区関口1-33-4
TEL 03-3203-4511

ブックデザイン　宮下ヨシヲ（SIPHON GRAPHICA）
写真　著者
校正　円水社

本文印刷　光邦
カバー印刷　歩プロセス
製　本　ナショナル製本

ISBN978-4-479-39409-9
乱丁本・落丁本はお取り替えいたします
https://www.daiwashobo.co.jp